BEI GRIN MACHT SICH IHR WISSEN BEZAHLT

- Wir veröffentlichen Ihre Hausarbeit,
  Bachelor- und Masterarbeit

- Ihr eigenes eBook und Buch -
  weltweit in allen wichtigen Shops

- Verdienen Sie an jedem Verkauf

Jetzt bei www.GRIN.com hochladen
und kostenlos publizieren

Bibliografische Information der Deutschen Nationalbibliothek:

Die Deutsche Bibliothek verzeichnet diese Publikation in der Deutschen National-
bibliografie; detaillierte bibliografische Daten sind im Internet über http://dnb.d-
nb.de/ abrufbar.

Impressum:

Copyright © 2016 GRIN Verlag, Open Publishing GmbH
Druck und Bindung: Books on Demand GmbH, Norderstedt Germany
ISBN: 9783668334106

Dieses Buch bei GRIN:

http://www.grin.com/de/e-book/343351/fem-lebensdauerberechnung-fuer-eine-
tuev-abnahme-ermuedungsanalyse-abgasgehaeuse

Roland Schmidt

FEM-Lebensdauerberechnung für eine TÜV-Abnahme. Ermüdungsanalyse Abgasgehäuse nach AD-Merkblatt S2

GRIN Verlag

Inhaltsverzeichnis

Anfragen für FEM-Dienstleistungen:

Ing.Büro HTA-Software
Maiwaldstraße 24
77866 Rheinau
Tel. 07844-98641
Fax: 07844-98642
fem-dienstleistungen@femcad.de
http://www.femcad.de/fem-behaelterbau.html

Ermüdungsanalyse des Abgasgehäuses nach der AD-Merkblatt S2

Das vorliegende Gehäuse wird für Versuchszwecke verwendet. Im Betrieb treten Druckschwankungen von maximal 3.0 bar und minimal – 0,8 bar bei einer maximalen Wandtemperatur von 200°C auf.

Für diese Betriebsbedingungen wird eine Lebensdauerberechnung durchgeführt und nachgewiesen, dass das Abgasgehäuse mindestens 1000 Lastzyklen standhält.

Berechnungsgrundlage ist das AD- Merkblatt S2 „Beanspruchung auf Weschselspannung"

Berechnung der Vergleichsspannungsschwingbreite und Vergleichsmittelspannung

Lastfall 1: Innendruckbelastung Pmin = - 0.8 bar = 0.08 N/mm^2

Lastfall 2: Innendruckbelastung Pmax = 3 bar = 0.3 N/mm^2

Lastfall 3: Temperaturbelastung mit 200^0 C

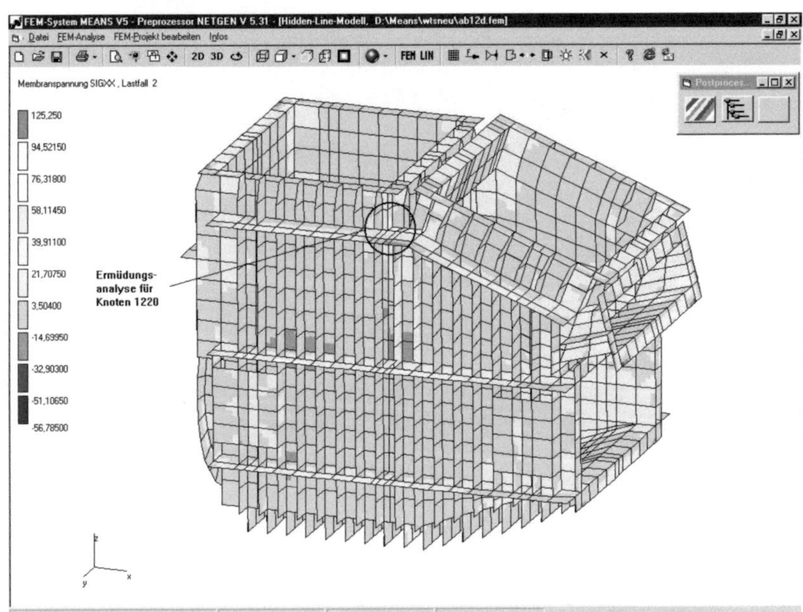

Ermüdungsanalyse am Knotenpunkt 1220

Für die Ermüdungsanalyse wird aus der FE-Rechnung Knotenpunkt 1220 als "ermüdungsgefährdeten Ort" ausgewählt. Es werden alle Spannungskomponenten herausgeschrieben und die Hauptnormalspannungen für jeden Lastfall ermittelt. Aus den maximalen und minimalen Werten wird die Vergleichsspannungsschwingbreite und die Vergleichsmittelspannung gebildet.

Ermüdungsanalyse für Abgasgehäuse

Spannungskomponente	Lastfall 1	Lastfall 2	Lastfall 3
Normalspannungen:			
SIGXX	- 30.25	+ 125.25	+ 1.53
SIGYY	- 9.48	+ 41.59	+ 0.51
Biegespannungen:			
SIGMXX	+14.56	- 39.88	+ 3.21
SIGMYY	+ 8.87	- 92.14	+ 1.21
Schubspannungen:			
SIGXY	+ 13.28	- 53.59	+ 0.32
SIGMXY	- 13.54	+ 51.30	+ 1.07
Mises-Membran	+ 33.89	+ 164.90	+ 2.13
Mises-Biegung	+ 23.14	+ 112.30	+ 3.15

Vorzeichen:

Positives Vorzeichen + = Es handelt sich um eine Zugspannung

Negatives Vorzeichen - = Es handelt sich um eine Druckspannung

Lastfall 1:

Biegung mit Normalkraft:

$SX_{Außen} = SIGXX + SIGMXX = -30.25 + 14.56 = -15.69 \ N/mm^2$

$SX_{Innen} = SIGXX - SIGMXX = -30.25 - 14.56 = -44.81 \ N/mm^2$

$SY_{Außen} = SIGYY + SIGMYY = -9.48 + 8.87 = -0.61 \ N/mm^2$

$SY_{Innen} = SIGYY - SIGMYY = -9.48 - 8.87 = -18.35 \ N/mm^2$

$SXY_{Außen} = SIGXY + SIGMXY = 13.28 - 13.54 = -0.26 \ N/mm^2$

$SXY_{Innen} = SIGXY - SIGMXY = 13.28 + 13.54 = 26.82 \ N/mm^2$

Hauptnormalspannungen:

$$S_{1,2} = (SX + SY)/2 +/- ((SX - SY)/2)^2) + SXY^2)^{0.5}$$

$$S_{1 \ Außen} = (-15.69 - 0.61)/2 + ((-15.69 + 0.61)/2)^2 + 0.0676)^{0.5}$$

$$S_{1 \ Außen} = -8.15 + 7.54 = -0.6 \ N/mm^2$$

$$S_{2 \ Außen} = -8.15 - 7.54 = -15.69 \ N/mm^2$$

$$S_{1 \ Innen} = (-44.81 + 18.35)/2 + ((-44.81 - 18.35)/2)^2 + 719.31)^{0.5}$$

$$S_{1 \ Innen} = -26.46 + 41.43 = +14.97 \ N/mm^2$$

$$S_{2 \ Innen} = -26.46 - 41.43 = -67.89 \ N/mm^2$$

Ermüdungsanalyse für Abgasgehäuse

Lastfall 2:

Biegung mit Normalkraft:

$SX_{Außen} = SIGXX + SIGMXX = +125.25 - 39.88 = +85.37\ N/mm^2$
$SX_{Innen} = SIGXX - SIGMXX = +125.25 + 39.88 = +165.13\ N/mm^2$

$SY_{Außen} = SIGYY + SIGMYY = +41.59 - 92.14 = -50.55\ N/mm^2$
$SY_{Innen} = SIGYY - SIGMYY = +41.59 + 92.14 = +133.73\ N/mm^2$

$SXY_{Außen} = SIGXY + SIGMXY = -53.59 + 51.30 = -2.29\ N/mm^2$
$SXY_{Innen} = SIGXY - SIGMXY = -53.59 - 51.30 = -104.89\ N/mm^2$

Hauptnormalspannungen:

$S_{1,2} = (SX+SY)/2 +/- ((SX-SY)/2)^2) + SXY^2)^{0.5}$

$S_{1\ Außen} = (+85.37 - 50.55)/2 + ((+85.37 + 50.55)/2)^2 + 5.24)^{0.5}$

$S_{1\ Außen} = +17.41 + 67.99 = +85.40\ N/mm^2$

$S_{2\ Außen} = +17.41 - 67.99 = -50.58\ N/mm^2$

$S_{1\ Innen} = (+165.13 + 133.73)/2 + ((+165.13 - 133.73)/2)^2 + 104.89^2)^{0.5}$

$S_{1\ Innen} = +149.43 + 106.05 = +255.48\ N/mm^2$

$S_{2\ Innen} = +149.43 - 106.05 = +43.38\ N/mm^2$

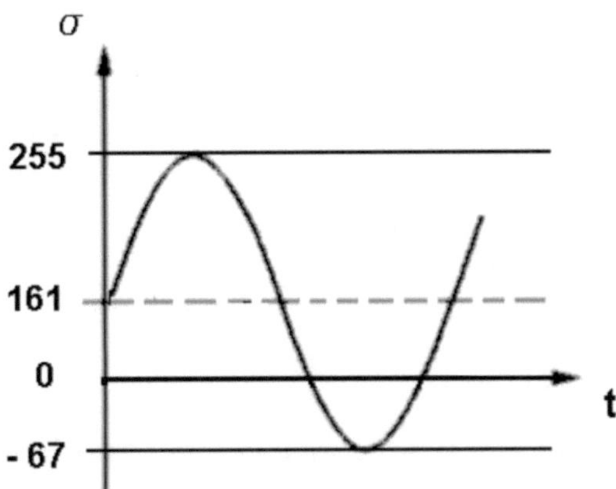

Spannungsschwingbreite $= 2\ S_{va} = 255 + 67 = 322\ N/mm^2$
Vergleichsmittelspannung $= S_V = (255 + 67)/2 = 161\ N/mm^2$

Berechnung der zulässigen Spannungsschwingbreite bei bekannter Lastspielzahl

Die Spannungsschwingbreite $2S_{va}$ darf die zulässige Spannungsschwingbreite $S_{a\,zul}$ nicht überschreiten.(7)

<u>Ungeschweißte Bauteilbereiche:</u>

$$2\,S_{a\,zul} = 2\,S_a * f_O * f_d * f_M * f_T$$

<u>Zulässige Spannungsschwingbreite für ungekerbte Probestäbe:</u>

$$2\,S_a = 4 * 10^4 / N^{0.5} + 0.55\ R_m - 10 = 40000/1000^{0,5} + 195 N/mm^2 - 10$$

$R_m = 195\ N/mm^2$ / bei 200°C

$N = 1000$

$$2\,S_a = 1264,9 + 107.25 - 10 = \mathbf{1362,1\ N/mm^2}$$

<u>Korrekturfaktor zur Berücksichtigung des Oberflächeneinflußes:</u>

$$f_O = F_O^{\,0.4343 * \ln N - 2\,/\,4.301} = 1.39^{\,0.23} = 0{,}9605$$

$$F_O = 1 - 0.056 * (\ln R_Z)^{0.64} * \ln R_m + 0.289 * (\ln R_Z)^{0.53}$$

$R_Z = 200$ (gewalztes Blech)

$$F_O = 1 - 0.0955 * 5.27 + 0.45 = 0{,}8409$$

<u>Korrekturfaktor zur Berücksichtigung des Wanddickeneinflusses:</u>

Korrekturfaktor fd ist für Bleche <25mm nicht zu berücksichtigen (7.1.3) $\mathbf{f_d = 1}$

<u>Koorekturfaktor zur Berücksichtigung des Mittelspannungseinflusses:</u>

$$M = 0.00035 * R_m - 0.1 = -0.03$$

$$S_a = 70.88\ N/mm^2$$

<u>liegt im Bereich</u>

$$S_a / (1 + M) < S_V < R_{0.2\,T}$$

Ermüdungsanalyse für Abgasgehäuse

$70.88 / 0.97 \; < \; 94 \; < \; 195$

nach der Formel:

$F_M = 1 + M / 3 \; / \; (1 + M) - M / 3 \; * \; S_V / S_a$
$= 99 / 97 + 0.01 * 94 / 70.88 = 1.02 + 0.013$

$= 1.03$

Korrekturfaktor zur Berücksichtigung des Temperatureinflusses:

$T = 200\ °C$

$f_T = 1.03 - 1.5 * 10^{-4} * T - 1.5 * 10^{-6} * T^2$
$= 1.03 - 0.03 - 0.06$

$= 0.94$

Damit berechnet sich die zulässige Spannungsschwingbreite $S_{a\ zul}$ für ungeschweißte Bauteilbereiche zu:

$2\ S_{a\ zul} = 2\ S_a \; * \; f_O \; * \; f_d \; * \; f_M \; * \; f_T$
$= 1362\ N/mm^2 * 0{,}96 * 1 * 1.03 * 0.94$

$= \mathbf{1265{,}9\ N/mm^2}$

Die Spannungsschwingbreite $2\ SV_a = 322\ N/mm^2$
ist kleiner als die zul. Spannungsschwingbreite $2\ S_{a\ zul} = 1265{,}9\ N/mm^2$

Geschweißte Bauteilbereiche:

Zulässige Spannungsschwingbreite für ungekerbte Probestäbe:

$2\ S_{a\ zul} = 2\ S_a \; * \; f_d \; * \; f_T$

$2\ S_a = (B1 / N)^{1/3} = (5 * 10^{11} / 1000)^{1/3}$

$= \mathbf{793{,}7\ N/mm^2}$

mit B1 und Schweißverbindung $K1 = 5 * 10^{11}$

Ermüdungsanalyse für Abgasgehäuse

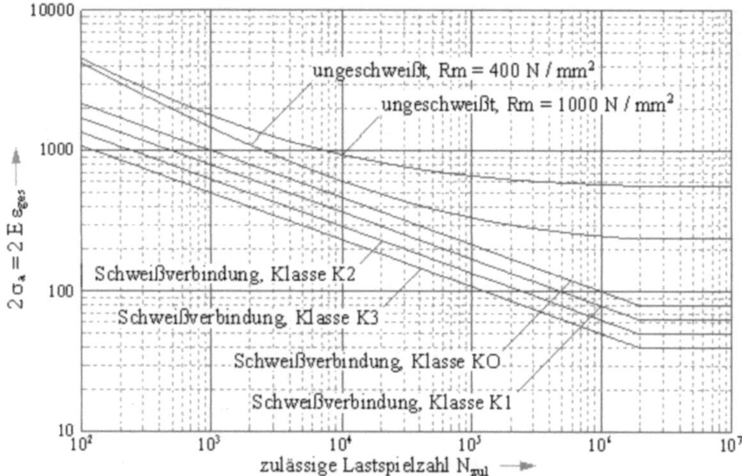

Korrekturfaktor zur Berücksichtigung des Wanddickeneinflusses:

Korrekturfaktor $f_d = 1$

Korrekturfaktor zur Berücksichtigung des Temperatureinflusses:

T = 200 °C

$$f_T = 1.03 - 1.5 * 10^{-4} * T - 1.5 * 10^{-6} * T^2$$
$$= 1.03 - 0.03 - 0.06$$

$$= 0.94$$

Damit berechnet sich die zulässige Spannungsschwingbreite $S_{a\,zul}$ für geschweißte Bauteilbereiche zu:

$$2\,S_{a\,zul} = 2\,S_a * f_d * f_T$$

$$= 793{,}7\ N/mm^2 * 1 * 0.94$$

$$= 746\ N/mm^2$$

Die Spannungsschwingbreite $2\,SV_a = 322\ N/mm^2$
ist kleiner als die zul. Spannungsschwingbreite $2\,S_{a\,zul} = 746\ N/mm^2$

Berechnung der zulässigen Lastspielzahl bei bekannter Spannungsschwingbreite

Ungeschweißte Bauteilbereiche:

$N_{zul} = (4 * 10^4 / (2 S_a - 0.55 * R_m + 10))^2$

$2 S_a = 2 s_{va} / (fd*fo*fm*ft) = 141,77 / (0,96* 1,03* 1* 0,94)$

$= (40000 / (346.43 - 117.25))^2$

$= $ **30 461 Lastspiele zulässig !**

Die geforderte Lastspielzahl N = 1000 ist kleiner als die zul. Lastspielzahl N_{zul}

Ungeschweißte Bauteilbereiche:

$N_{zul} = B1 / (2 S_a)^3$

$= 5 * 10^{11} / (335.42)^3$

$= $ **13 250 Lastspiele zulässig**

mit B1 und Schweißverbindung K1 $= 5 * 10^{11}$

und $2 S_a = 2 s_{va} / (fd*ft) = 322 / (0,96*1) = 335.42$ N/mm²

Die geforderte Lastspielzahl N = 1000 ist kleiner als die zul. Lastspielzahl N_{zul}

Berechnung der Deckel, Schrauben und Dichtungen mit Zusatzkräften

Die Deckel 1+ 2 werden zusätzlich durch die Wärmetauscher-Einbauten mit
4 Einzelkräften von jeweils 250 Kg Gewicht bzw mit 2500 N belastet.

$F_1 = F_2 = F_3 = F_4 = -2500$ N

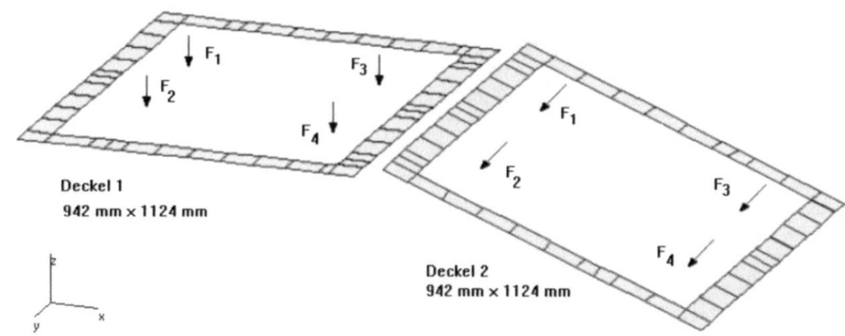

Umrechnung der Zusatzkräfte in eine Flächenlast

Da nach AD-Merkblatt B0/B7 nur Flächenlasten aber keine Zusatzkräfte berücksichtigt
werden können, müssen die Einzelzusatzlasten in eine Flächenbelastung umgerechnet
werden:

Gesamtkraft = 4 * 2500 N = 10 000 N
Gesamtfläche = 942 mm * 1124 mm = 1 058 808 mm^2

Damit errechnet sich die zusätzliche Flächenlast:

Flächenlast $_{Zusatz}$ = 0.01 N/mm^2 = 0.1 bar

In dem AD-Merkblättern B0/B7 muß mit einem Betriebsdruck von 3.1 bar bzw. mit einem
Prüfdruck von 6.1 bar gerechnet werden.

Berechnung der Deckel, Schrauben und Dichtungen nach AD-Merkblatt B0/B7

<u>Formelzeichen und Einheiten nach AD-Merkblatt B0</u>

f	= kurze Seite einer Platte	in mm	
e	= lange Seite einer Platte	mm	
p	= Berechnungsdruck	bar	
s	= erforderliche Wanddicke	mm	
s_e	= ausgeführte Wanddicke	mm	
c_2	= Abnutzungszuschlag	mm	
c_1	= Toleranzzuschlag	mm	
K	= Festigkeitskennwert bei Berechnungstemperatur	N/mm^2	
E	= E-Modul bei Berechnungstemperatur	N/mm^2	
S	= Sicherheitsbeiwert	-	
C_1, C_2, C_3	= Berechnungsbeiwert je nach Randbedingung	-	
C_A	= Berechnungsbeiwert für Ausschnitte	-	
C_E	= Berechnungsbeiwert für rechteckige- oder elliptische PL.	=	

<u>Ebene Böden und Platten nach AD2000-Merkblatt B5</u>
Unverankerte rechteckige ebene Platte ohne zus. Randmoment
nach Tafel 1: ebene Platte mit durchgehender Dichtung (Bild d)
mit mehreren Ausschnitten

f	= 942.00 mm	e	= 1124.00 mm				
s_e	= 30.00 mm	c_1	= 0.00 mm	c_2	=	1.00 mm	
C_E	= 1.21	s_1	= 0.00 mm				

Ausschnitte: mehrere Ausschnitte in einer Ebene
d_{iA} = 219.00 mm Σd_{iA} = 438.20 mm
C_A Formel 1 o.Bild 21/22 = 1.375

6.1

Werkstoff Platte: P265GH   EN 10028

		Betrieb	Prüfzustand	
Druck	=	3.10	6.10	bar
statische Höhe	=	0.00	0.00	m
Dichte Füllung	=	1.50	1.00	kg/dm^3
p (AD-B0 Abschnitt 4.1)	=	3.10	6.10	bar
Temperatur	=	200	20	°C
K Platte	=	195	255	N/mm^2
E-Modul Platte	=	196000	211000	N/mm^2
S Platte	=	1.50	1.05	-

<u>1) Berechnung der erforderlichen Wanddicke</u> nach AD-Merkblatt B5:
mit C aus Tafel 1 = 0.35
C_g = C*C_A*C_E

$$ s = \quad f * C_g \sqrt{\frac{p*S}{10*K}} + c_1 + c_2 = \quad 27.78 \qquad 28.49 \quad mm $$

Dichtung: durchgehende Dichtung aus C4400 o.ä.

50 mm breit mit Schraubenlöchern

<u>Ermüdungsanalyse für Abgasgehäuse</u>

<u>Formelzeichen und Einheiten nach AD-Merkblatt B0/B7</u>
```
p      = Berechnungsdruck                                      bar
e      = Plattenlänge bis Mitte Dichtung                       mm
f      = Plattenbreite bis Mitte Dichtung                      mm
n      = Anzahl der Schrauben                                  -
dk     = Kerndurchmesser eines Schraubengewindes              mm
cs     = Konstruktionszuschlag für Schaftschrauben            mm
K      = Festigkeitskennwert bei Berechnungstemperatur        N/mm²
S      = Sicherheitsbeiwert                                    -
phi,Z  = Hilfswert                                             -
bD     = zur Berechnung eingesetzte Dichtungsbreite           mm
K0*KD  = Dichtungskennwert für Vorverformen                   N/mm
k1     = Dichtungskennwert für den Betriebszustand            mm
FSB    = Schraubenkraft für den Betriebs- oder Prüfzustand    N
FDV    = Schraubenkraft für den Einbauzustand                 N
```

<u>Rechteckige Schraubenverbindung</u>
Starrschrauben nach AD-2000 Merkblatt B7
phi =   0.75

e   =   942.00 mm   f   = 1124.00 mm

n   =   36
dk   =   16.93 mm   gewählt: M20
Schraubenwerkstoff: 5.6-2   DIN 267 T.13

Dichtung: Weichstoffdicht C4400
bD   =   25.00 mm

		Betrieb	Prüf-	Einbauzustand	
Druck	=	3.10	6.10	-	bar
statische Höhe	=	0.00	0.00	-	m
Dichte Füllung	=	1.50	1.00	-	kg/dm³
p (AD-B0 Abschnitt 4.1)	=	3.10	6.10	-	bar
Temperatur	=	200	20	20	°C
K	=	230	300	300	N/mm²
S	=	1.80	1.30	1.30	-
Z	=	1.75	1.49	1.49	-
Dichtungskennwerte					
Medium	=	Gase+Däm.	Gase+Däm.	Gase+Däm.	
k1	=	32.50	32.50		mm
k0*kD	=			500.00	N/mm

<u>1) Schraubenkräfte</u>
   nach AD-Merkblatt B7, Formel 1-13:

$$F_{SB} = \frac{p}{10}(e*f+2*S_D(e+f)*k_1) \quad = \quad 377017 \quad 741873 \qquad - \ N$$

$$F_{DV} = 2*(e+f)*k_0*K_D \quad = \qquad - \qquad - \quad 2066000 \ N$$

$$F^*DV = 0.2 \ F_{DV} + 0.8 \ V \ \overline{F_{SB}*F_{DV}} \quad = \qquad - \qquad - \quad 1119250 \ N$$
(hier F_{SB} = Schraubenkraft Betrieb)

<u>2) Anzugsmoment der Schrauben</u>
Das Anzugsmoment der Schrauben beträgt ca.   154 N*m.

<u>3.) Berechnung des erforderlichen Schraubendurchmessers</u>

   cs nach Abschnitt 7   =   3.00   0.00   0.00 mm

$$d_k = Z*\sqrt{\left(\frac{F}{K*n}\right)} + c_s \quad = \quad 14.81 \quad 12.35 \quad 15.16 \ mm$$

<u>Die Berechnungen nach AD-Merkblatt B0/B7 verändern sich aufgrund der Zusatzlasten nur geringfügig.</u>

Berechnung der erforderlichen Deckel-Wanddicke mit der Finiten Elemente Methode

Zur Absicherung voriger AD-Merkblatt-Berechnung inder nur Flächenlasten aber keine Einzelkräfte berücksichtigt werden können, wird der Deckel 942 x 1124 mittels FEM nachgerechnet.
Es wird mit der gewählten Wanddicke = 30 mm und einem E-Modul = 200 000 N/mm^2 gerechnet.

Die berechneten Biegespannungen müssen unter den zulässig primären Biegespannungen liegen:

$S_{\text{Betriebsdruck Primär Biegespannung}} = 195$ N/mm^2

$S_{\text{Prüfdruck Primär Biegespannung}} \quad = 363$ N/mm^2

Berechnung der Biegespannung ohne Zusatzkräfte

<u>Betriebsdruck:</u> Zulässig, da die maximale Biegespannung = 183.9 N/mm^2 kleiner als 195 N/mm^2 ist.

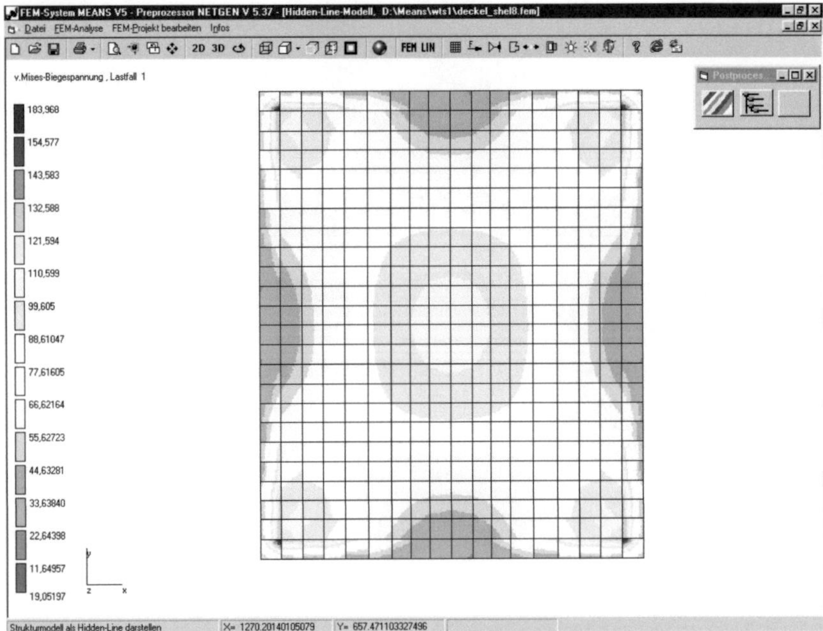

Ermüdungsanalyse für Abgasgehäuse

<u>Prüfdruck:</u> Nicht zulässig, da die maximale Biegespannung = 367.9 N/mm^2
größer als 363 N/mm^2 ist.

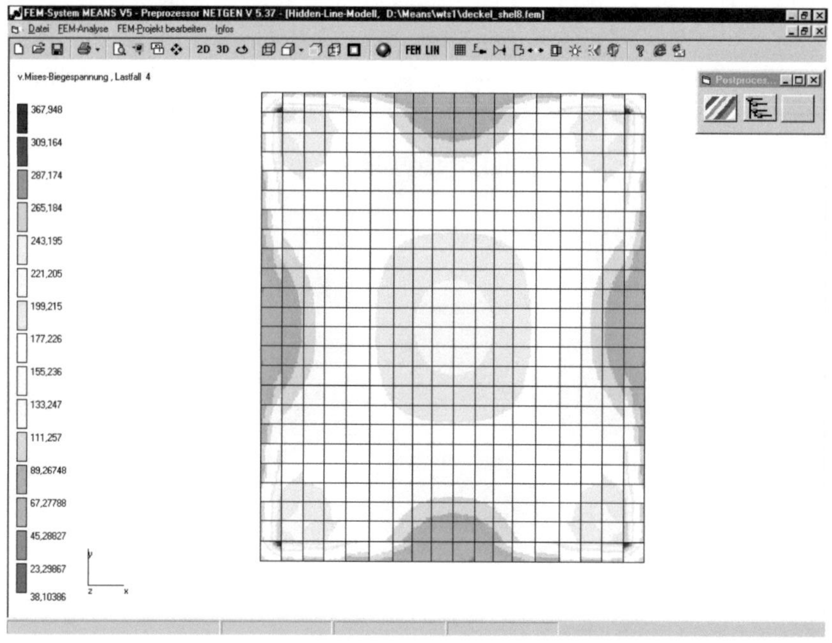

Berechnung der Biegespannung mit Zusatzkräfte

<u>Betriebsdruck:</u> Zulässig, da die maximale Biegespannung = 188.18 N/mm^2 kleiner als 195 N/mm^2 ist.

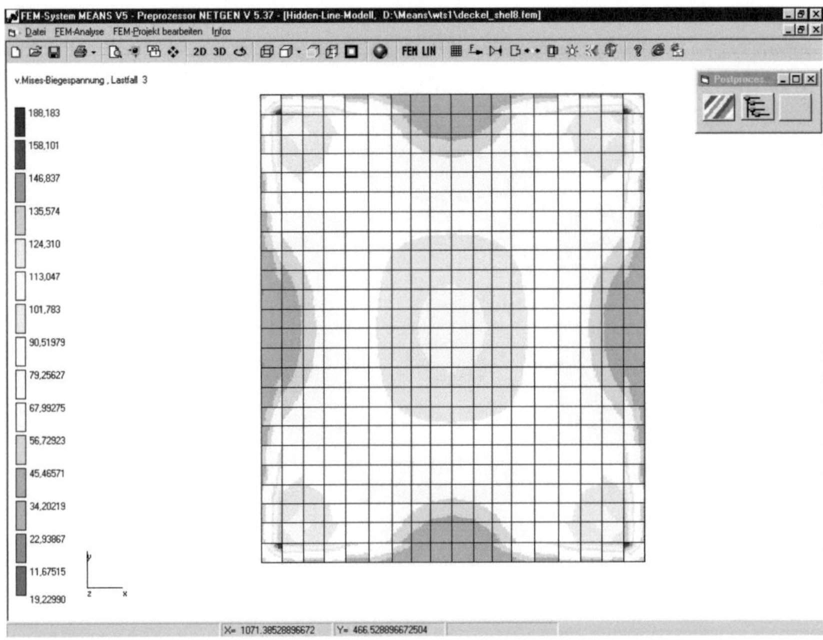

<u>Prüfdruck:</u> Nicht erforderlich

Zusammenfassung:

Auch mit den Zusatzkräften ist die Deckelwanddicke von 30 mm zulässig. Es wird aber empfohlen, aufgrund der beim Prüfdruck leicht über-schrittenen zulässigen Primär-Biegespannungen die Wanddicke auf 32 mm zu erhöhen.